HISTOIRE
naturelle & économique
du
CHEVAL, du MULET
et de
L'ANE,
par le Comte
de Lasteyrie.

À PARIS,
Rue Taranne, N° 12.

HISTOIRE NATURELLE

ET ÉCONOMIQUE

DU CHEVAL, DE L'ANE

ET DU MULET,

AVEC FIGURES.

PAR M. C. P. DE LASTEYRIE.

PARIS.

RUE TARANNE, N° 12.

—

1834

IMPRIMERIE DE E. DUVERGER
RUE DE VERNEUIL, N° 4.

HISTOIRE NATURÉLLE

ET ÉCONOMIQUE

DU CHEVAL.

Cheval arabe.

Les caractères auxquels on distingue le cheval
des autres animaux mammifères sont : un seul on-
gle ou sabot aux pieds, sans division ; six dents in-
cisives à chaque mâchoire ; six dents molaires de
chaque côté à l'une et l'autre mâchoire, avec des
dents canines séparées de celles-ci par un espace
que l'on nomme *barre* ; la lèvre supérieure mobile ;
les oreilles petites et pointues : deux mamelles ; une

queue couverte de longs poils ou crins dans toute sa longueur.

Le cheval est parmi les animaux domestiques un de ceux dont l'homme retire le plus de services; les nations civilisées ne pourraient être privées subitement de ce précieux animal sans que leur industrie et leur commerce n'éprouvassent de grandes pertes. Cependant, en considérant l'utilité comparative du cheval et du bœuf, nous n'hésiterions pas à donner la préférence au dernier, si nous étions réduits au choix exclusif de l'un ou l'autre de ces deux animaux. En effet, le cheval pourrait à la rigueur être remplacé par l'âne ou par le bœuf. Si la nature ne nous eût pas donné le cheval, nous aurions fait comme plusieurs peuples de l'Asie et de l'Afrique, qui ont apporté un soin particulier dans l'éducation de l'âne et qui ont obtenu des races de haute taille, fortes et vigoureuses, non-seulement propres à tirer ou à porter de lourds fardeaux, mais aussi très légers et très vifs à la course. Nous trouvons en effet, non-seulement dans les contrées dont nous venons de parler, mais aussi dans quelques parties de la France, de l'Italie, et surtout de l'Espagne, des ânes aussi élevés en taille, aussi forts et aussi vigoureux que nos chevaux de dimension ordinaire. L'usage du cheval a restreint en France celui de nos beaux ânes du Mirbelai, en Poitou, qu'on destine presque exclusivement, comme ceux de Toscane, à la production des mulets. Les ânes, en

Espagne, font en grande partie le service auquel sont assujétis les chevaux dans le reste de l'Europe. L'âne n'est pas méprisé en Asie et en Afrique comme parmi nous; il remplace depuis la plus haute antiquité le cheval dans une foule d'emplois. Ce n'est pas seulement lorsqu'il s'agit de faire des courses rapides qu'il le cède à son rival, ou même à la guerre et dans tout ce qui tient à la pompe et aux cérémonies d'apparat. Il n'est pas douteux que si l'âne eût reçu une éducation soignée et que si des croisemens bien entendus eussent été dirigés dans le but d'obtenir de bons coursiers, nous aurions des ânes qui égaleraient en vitesse, à peu de différence près, nos chevaux ordinaires ; car les ânes sauvages, ainsi que nous le dirons en donnant l'histoire de cet animal , sont aussi vifs à la course que les meilleurs chevaux. Quant à ce qui tient à la beauté des formes, à la grace et à l'élégance, tout cela disparaîtrait si le cheval n'existait pas. En Judée, où les chevaux étaient très rares, les juges et les princes du peuple juif paraissaient en public montés sur des ânes. Les gens riches et les rois eux-mêmes se pavanaient sur de beaux ânes, comme ils le font sur de beaux chevaux; et nos guerriers, ainsi montés, n'apporteraient pas moins de bravoure et d'impétuosité dans le choc d'une charge, qu'ils ne le font aujourd'hui. On ne doit point oublier ce que rapporte l'histoire et ce qu'un de nos meilleurs poëtes a décrit dans ces deux vers :

> Quatre bœufs attelés, d'un pas tranquille et lent,
> Promenaient dans Paris le monarque indolent.

Nos superbes voitures ne seraient pas moins élégantes, et la vanité n'en serait pas moins satisfaite, si au lieu d'être traînées par des mules comme celles du roi et des grands seigneurs d'Espagne, elles l'étaient par de beaux ânes bien harnachés. La privation du cheval, loin de nuire à l'agriculture, lui eût été favorable. Le bœuf l'eût remplacé avec de grands avantages, ainsi que cela a lieu dans les deux tiers des pays soumis à la culture. Le labourage serait moins dispendieux et les produits en viande étant plus abondans, les habitans des campagnes et le peuple des villes pourraient se procurer un aliment plus nourrissant.

L'espèce humaine éprouverait une perte bien plus funeste, si elle venait à être privée du bœuf; l'agriculture d'un grand nombre de peuples en souffrirait d'une manière notable, et plusieurs localités devraient renoncer à la culture de leurs terres, si l'âne ne venait à leur secours. Mais rien ne remplacerait la vache qui, avec son lait, alimente, surtout dans certains pays, une partie notable de la population; car la chèvre, n'étant pas assez productive, ne pourrait fournir, à beaucoup près, la quantité de laitage qui se consomme aujourd'hui. Il en serait de même pour le beurre qui forme l'assaisonnement de tous nos mets, et pour le fromage qui, seul avec le pain, alimente un si grand nombre d'ouvriers et de gens de la campagne.

Apprenons à estimer les choses d'après leur utilité réelle, et jouissons des avantages que nous procure le cheval, puisque c'est un don que la Providence a bien voulu nous faire.

Le cheval, envisagé sous le rapport des formes et du naturel, doit être considéré comme une des plus belles productions de la nature. Il est remarquable par la régularité, l'élégance et les proportions de toutes les parties de son corps ; par la facilité et la grace dans ses mouvemens, la finesse de sa tête et de ses jambes, la vivacité de son œil, et même les mouvemens de ses oreilles et de sa queue. Il n'est pas moins recommandable par la douceur de son caractère, la promptitude qu'il met à obéir aux ordres qu'il reçoit de son maître, par sa patience, son courage et son impétuosité ; enfin la force qui le rend propre à tirer de lourds fardeaux, et la vitesse avec laquelle il transporte l'homme d'un lieu à un autre, sont des qualités trop utiles pour ne point les apprécier.

Pour nous faire une juste idée du cheval, nous devons le considérer, non dans l'état de servitude auquel nous l'avons réduit, en le confinant dans nos champs ou dans des bâtimens resserrés, mais dans ces vastes plaines et ces solitudes où la nature l'avait d'abord placé. Les auteurs anciens nous apprennent qu'il existait de leur temps des chevaux sauvages dans la Scythie, région au nord de l'Asie, en Espagne et sur les Alpes; des voyageurs plus modernes nous disent dans leurs relations qu'on en trouvait anciennement sur les plus hautes montagnes de l'Ecosse, en Russie, et de nos jours en Afrique, en Asie et en Tartarie; enfin l'Amérique méridionale nourrit une grande quantité de chevaux dans les vastes plaines où les Espagnols n'ont pas encore fixé leur demeure. Ces chevaux, qui vivent dans l'état sauvage, proviennent de la race andalouse qui fut importée dans ce continent lors de sa conquête. S'ils n'ont pas conservé les belles formes et les mouvemens souples et agréables du cheval espagnol, ils ont acquis de la légèreté et de la vitesse dans la course. Ils sont plus petits, ont la tête un peu plus grosse, le poil moins fin et les os plus saillans. Ils vivent en troupes et changent de localité selon les saisons ou le besoin de trouver de nouveaux pâturages. Ils se plaisent dans les lieux secs, le long des forêts, et mangent de préférence les herbes fines, les jeunes pousses des arbres, les feuilles, et faute de meilleurs alimens ils se nourrissent avec l'écorce des arbres. Ils évitent leurs ennemis par la fuite, ou, s'ils viennent à être surpris, ils tournent le dos et se défendent par des ruades; de sorte qu'il est difficile aux bêtes féroces d'en faire leur pâture. Ces animaux sont très sociables entre eux, mais non avec l'homme, malgré les sentimens d'affection qu'on se plaît à leur prêter à notre égard. En effet, dans l'état sauvage ils fuient l'homme à de très grandes distances ; il est difficile de dompter et de soumettre ceux que l'on prend, lorsqu'ils sont avancés en âge. Les jeunes poulins seuls se plient aux volontés de l'homme, quoiqu'ils soient rarement aussi dociles que le cheval domestique. La chasse de ces animaux sauvages s'exécute par des hommes, dont une partie est à pied et l'autre à cheval. Les premiers battent la campagne, les cavaliers poursuivent les chevaux, souvent à travers des précipices et des lieux escarpés. Les chasseurs, qui occupent ordinairement une lieue de terrain, ayant atteint ces animaux, les arrêtent en leur jetant un lacet de corde autour du cou.

En Russie, en Pologne et dans quelques parties de l'Allemagne, on élève, ou plutôt on abandonne à eux-mêmes, dans de grands enclos, des chevaux qui vivent dans un état demi-sauvage. Lorsqu'on veut les prendre, des cavaliers les chassent dans un lieu étroit dont ils ne peuvent sortir. On s'en saisit alors en leur jetant au cou des cordes à nœud-coulant ; se trouvant ainsi saisis, on leur lie les jambes et on leur passe un licol qui permet de les conduire et de les maîtriser. On les soumet et on les rend dociles en les faisant jeûner ou en les privant de sommeil. Ainsi, ce n'est pas la nature qui a appris au cheval à être docile aux volontés de l'homme et à se prêter à tous les services que nous exigeons de lui. C'est une longue domesticité, ce sont les habitudes que nous lui faisons contracter dès sa naissance : ce sont

le râtelier, le fouet, le mors, l'éperon et la néces-
sité qui le rendent soumis, et qui lui donnent pour
l'homme l'apparence d'un attachement contraire à
l'indépendance qu'il a reçue de la nature. Au reste,
le cheval s'attache à l'homme comme font plus ou
moins tous les animaux domestiques, lorsqu'ils en
reçoivent de la nourriture, des caresses et de bons
traitemens ; ils deviennent alors doux, familiers,
car ils ne peuvent plus avoir aucun sujet de crainte
ou d'éloignement. Le contraire arrive lorsqu'on les
bat, qu'on les brusque ou qu'on les épouvante. On
raconte beaucoup d'histoires sentimentales sur l'ins-
tinct et l'attachement du cheval pour l'homme, ainsi
qu'on le fait pour le chien ; tout cela se réduit au
bien-être que nous faisons éprouver à ces animaux.

Les sens de l'ouïe, de la vue et de l'odorat sont
très fins chez le cheval, ainsi que chez la plupart des
animaux, qui sans cela ne pourraient pourvoir à leur
nourriture ou éviter les dangers qui les menacent.
Le moindre bruit vient frapper le cheval, qui dirige
alors ses oreilles du côté où il se fait entendre ; il
aperçoit les objets de très loin, et il peut se diriger
avec sûreté pendant les nuits les plus obscures.

Si le cheval réduit à l'état de servitude a perdu
quelques-unes des qualités qui lui sont propres, il
en a acquis d'autres plus utiles au maître qui a su le
dompter : la soumission, la patience et la constance
dans le travail. C'est par le croisement des races,
c'est par l'alliage des individus doués plus particuliè-

rement de certaines qualités , que nous sommes par-
venus à obtenir des races particulières propres à nos
différens besoins. Ainsi, les unes se font remarquer
par l'élégance de leurs formes, les autres par la rapidité de leur course, celles-ci par la masse de leur
corps et par leur force musculaire, enfin par une
taille plus ou moins élevée. Mais la qualité la plus
essentielle dans toutes les races, quelle que soit leur
destination, c'est la force et la vigueur qui dépen-
dent surtout de l'éducation, de la nourriture et des
soins qu'on leur donne.

Lorsqu'on élève des chevaux, quelle qu'en soit la
race, il faut choisir dans cette race les individus
doués des qualités les plus parfaites et les allier entre eux ; on est sûr, par ce moyen, de la perfection-
ner ou de la maintenir dans son état de perfection,
si elle l'a acquis, sans qu'il soit nécessaire de recou-
rir à des individus étrangers. Il en est de même pour
les autres espèces d'animaux domestiques. L'âge où
l'on doit faire produire les jumens est celui où elles
ont acquis toute leur croissance, ce qui varie selon
les races ; la même observation s'applique au travail
auquel on soumet les chevaux ; ainsi le cheval limou-
sin ne doit faire un service réglé et habituel que
lorsqu'il est parvenu à l'âge de six ou sept ans ; si
on veut le conserver jusqu'à l'âge de vingt à vingt-
cinq ans, où il parvient avec toute sa vigueur lorsqu'il a été bien soigné.

Un poulin, presque aussitôt qu'il est né, se relève

sur ses jambes et tète sa mère; il commence à manger l'herbe à l'âge de deux mois. Lorsqu'il est parvenu à toute sa croissance, il peut rendre les services
qu'on attend de lui, mais si on l'emploie avant
cette époque, il ne faut lui imposer qu'un travail
très léger. La couleur du poil est très variée chez les
chevaux; on en trouve de noirs, de blancs, de gris,
d'un jaune roux, et autres nuances produites par
la domesticité. Leur corps se couvre pendant l'hi-
ver de longs poils, destinés par la nature à les préserver du froid. Les chevaux de trait pour les
charrettes ou pour les voitures, ainsi que pour le
labourage des terres, se dressent facilement; l'art
de dresser les chevaux de selle est plus compliqué
et plus difficile, surtout lorsqu'il s'agit des chevaux
fins destinés aux voyages, aux promenades, à la
guerre, etc.

Le cheval, quoique assez recherché pour sa nourriture, se contente cependant des herbes les plus
communes lorsqu'il y est habitué de bonne heure.
Il aime les pâturages secs, qui lui donnent du nerf
et de la vigueur. On le nourrit à l'écurie avec du
foin, de la luzerne, du trèfle, de la vesce, de l'a-
voine qu'on a remplacée avec succès et économie par
des carottes. La paille de froment, d'orge et d'avoine
lui conviennent aussi, lorsqu'il reçoit en même
temps une portion de bon foin et des grains.

Les Espagnols nourrissent uniquement leurs chevaux et leurs mules avec de l'orge et de la paille bri-

sée par la trituration ; cet usage est assez général dans les pays chauds. On nourrit dans toute l'Allemagne les chevaux avec du foin et de la paille hachée bien menue ; excellente méthode à laquelle se sont refusés jusqu'ici nos cultivateurs. On leur donne aussi du pain de seigle au lieu d'avoine. Il faut distribuer aux chevaux de charrue ou de roulage une plus grande quantité de foin qu'aux chevaux de selle. Les Américains remplacent l'avoine par l'orge qui est très nutritif ; ils leur font aussi manger, ainsi qu'à tous leurs autres bestiaux, des pommes de terre cuites à la vapeur. On doit leur donner une nourriture plus abondante et plus substantielle, lorsqu'on exige d'eux des travaux plus longs ou plus pénibles.

Le cheval se couche pour dormir lorsqu'il est fatigué, mais habituellement il dort debout sur ses quatre jambes. Si l'excès du travail ruine promptement un cheval et abrége ses jours, un repos trop prolongé ne lui est pas moins funeste et devient la cause de plusieurs maladies.

En général, l'inaction produit chez les animaux les mêmes résultats que chez l'homme ; c'est au défaut d'exercice que doivent être attribuées les infirmités et la mauvaise santé d'un grand nombre de citadins.

Les allures naturelles du cheval sont : le pas, le trot et le galop. On l'habitue aussi à prendre une allure infiniment plus allongée que le pas, qu'il exécute en deux temps, un pour chaque côté du corps ;

ainsi les deux jambes du même côté, celle de devant et celle de derrière, se lèvent en même temps, se portent simultanément en avant et se posent ensemble à terre ; les jambes du côté opposé exécutent ensuite le même mouvement, qui se continue alternativement. Comme cette allure qu'on appelle l'amble, est bien moins fatigante pour le cavalier que le trot et qu'elle est presque aussi accélérée, plusieurs marchands ou fermiers habituent leurs chevaux à cette manière de marcher.

Pour juger jusqu'à quel point les chevaux portent la docilité et la soumission aux commandemens de l'homme, il suffit d'avoir assisté aux spectacles équestres donnés par Asteley et par Franconi. Ces habiles écuyers ont l'art de dompter les chevaux les plus rétifs ; ils les soumettent aux exercices, et l'on peut même dire, aux tours de force les plus surprenans. Un cheval, couvert de pièces d'artifice sur toutes les parties de son corps, reste immobile et ne paraît nullement ému des feux qui jaillissent de toutes parts autour de lui. Un autre traverse avec son cavalier de doubles cercles, en crevant le papier dont ils sont garnis. On leur apprend à se coucher, à se relever, à aller chercher et rapporter des assiettes, des chaises et d'autres meubles ; à prendre un vase d'eau bouillante sur le feu ; à traverser les flammes, à retirer des poches un mouchoir ou d'autres objets, à suivre l'homme et à le caresser.

Les Perses habituent leurs chevaux à s'accroupir

sur la terre lorsqu'ils veulent les monter. Les anciens Numides les dirigeaient de la voix, car ils ne faisaient usage ni de brides ni de selles. On a vu, il y a un certain nombre d'années, à la foire Saint-Germain, à Paris, un cheval qui, en entrant, saluait l'assemblée, répondait par des signes de tête aux questions que lui faisait son maître, buvait dans un verre, tirait un coup de pistolet, et faisait le boiteux ou le mort; il indiquait, en frappant du pied, l'heure qu'il était à une montre, et faisait beaucoup d'autres tours semblables auxquels on l'avait accoutumé.

Chevaux d'Arabie. Cette contrée semble être la terre natale du cheval, celle qui convient le mieux à son tempérament, celle où il acquiert plus de nerf, plus de force et plus de vitesse. On le trouve encore sauvage dans quelques parties des déserts de cette contrée. C'est en vain qu'on chercherait à atteindre ces chevaux avec des chiens; ils fuient et on les perd promptement de vue. On ne peut les prendre qu'en formant en terre des trous que l'on recouvre légèrement avec du sable. Il est peu d'Arabes, quelque pauvre qu'il soit, qui n'ait un cheval. Ces peuples errans dans des déserts préfèrent pour leurs excursions les jumens aux chevaux, l'expérience leur ayant appris qu'elles supportent mieux la faim, la soif et la fatigue que les chevaux. Elles sont d'ailleurs plus douces, moins vicieuses, et hennissent plus rarement; elles sont plus tranquilles entre elles, ne se mordent pas et vivent en bonne intelligence.

Les Arabes conservent la généalogie de leurs chevaux avec le même soin que les barons allemands apportent à conserver celle de leurs ancêtres. Tel cheval arabe pourrait produire des titres de noblesse qui éclipseraient par leur antiquité ceux de plusieurs princes immédiats de l'Empire germanique. Ils distinguent ces races par différens noms, et les divisent en trois classes. La première, est celle des chevaux de l'ancienne souche, dont la noblesse n'a été altérée par l'introduction d'aucun mâle ou d'aucune femelle étrangère à cette race ; ils désignent les individus de cette race par un mot qui veut dire cheval dont la généalogie remonte à deux mille ans. La seconde se compose des individus de la même race, mais qui a été altérée par quelque mésalliance. La troisième, inférieure aux deux autres, comprend les chevaux ordinaires, qui, ainsi que les esclaves dans les colonies, est peu considérée et se vend à vil prix, tandis que les chevaux de la première et même quelques individus dans la seconde, qui égalent ceux-ci en qualité, sont vendus à des prix très élevés. Les Arabes jugent à l'inspection d'un cheval à quelle race il appartient ; ils savent le nom, le surnom, la couleur et les caractères qui distinguent les individus les plus remarquables. Aussitôt qu'une jument a mis bas, on appelle des témoins qui signent une attestation, dans laquelle on signale les marques les plus importantes du poulain et le jour de sa naissance. Jamais celle d'un fils de roi ne fut mieux constatée. Ce diplôme, toujours délivré à l'acquéreur, donne une grande valeur à un cheval. Une jument de la première race se vend dix, quinze et jusqu'à vingt-cinq mille francs. Il est même arrivé que leur prix a été porté beaucoup plus haut. Comme les Arabes n'habitent jamais dans des maisons, mais sous des tentes, le père, la mère, les enfans et les chevaux vivent tous ensemble et pêle-mêle sous la même tente. On voit les petits enfans, tantôt sur le cou, tantôt sur le dos des jumens, jouer avec ces animaux, sans qu'il leur arrive jamais aucun accident. Les Arabes ne battent jamais leurs chevaux et ils les traitent avec beaucoup de douceur; ils leur parlent et semblent s'entretenir familièrement avec eux. Ils ne font jamais usage du fouet ni de l'éperon pour les lancer à la course, si ce n'est dans des circonstances extraordinaires. Alors ces animaux parcourent les espaces avec une célérité incroyable, et franchissent avec la légèreté du daim tout ce qu'ils rencontrent devant eux. Si le cavalier vient à tomber, ils s'arrêtent subitement au milieu de la course la plus rapide, et restent immobiles. Les chevaux arabes sont d'une taille moyenne, plutôt maigres que gras. Les mouvemens de leurs membres sont faciles et prompts. On les étrille, on les approprie régulièrement soir et matin avec un soin tout particulier; les Arabes leur lavent la crinière, les jambes et la queue. Ils ne leur donnent rien à manger dans le courant de la journée, mais au coucher du soleil, ils suspendent à leur tête un sac rempli d'orge qu'ils mangent pendant la nuit. Au commencement du printemps, lorsque l'herbe est parvenue à une certaine hauteur, ils les conduisent dans les pâturages ; passé cette saison, ils les reconduisent dans leurs tentes et ne les alimentent le reste de l'année qu'avec de l'orge et un peu de paille. Ils les dressent à l'âge de deux ans ou deux ans et demi. Pendant le jour, ils tiennent habituellement leurs chevaux sellés et bridés à la porte de leurs tentes, afin qu'ils soient prêts en cas de surprise.

Lorsque les Arabes veulent essayer la vitesse de leurs chevaux, ils les conduisent à la chasse de l'autruche, qui vit dans les déserts sablonneux de l'Arabie. Le cheval est le seul animal qui puisse atteindre ces oiseaux à la course. Lorsqu'ils se voient découverts, ils se dirigent vers la partie de la contrée où il se trouve des montagnes, afin d'éviter plus sûrement la poursuite de leurs ennemis. Le cavalier cherche à leur couper la retraite et à les ramener vers la plaine ; alors il poursuit sans relâche ces oiseaux qui s'aident de leurs ailes pour fuir avec plus de rapidité ; ils font des détours en tous sens pour dérouter les chevaux ; mais enfin, l'autruche serrée de près et ne pouvant plus échapper, cache sa tête, dit-on, derrière le premier objet qu'elle rencontre et se laisse prendre dans cet état. On attache un grand prix à un cheval dont l'ardeur a été couronnée de succès dans une telle entreprise.

Il est difficile de concevoir, d'après notre état de civilisation, toute l'importance que les Arabes du désert mettent dans la possession de bonnes races de chevaux ; mais il faut considérer le pays et les circonstances dans lesquelles ils se trouvent. Errans d'un lieu à l'autre dans la recherche de maigres pâturages pour alimenter des troupeaux qui seuls leur fournissent des moyens d'existence ; sans cesse en guerre de tribu à tribu, courant le pays pour piller les voyageurs ou les cultivateurs, de bons et vigoureux chevaux peuvent seuls les transporter rapidement d'un lieu à l'autre pour attaquer leurs ennemis ou se mettre à l'abri de leurs poursuites. On les voit souvent faire un trajet de vingt lieues en un jour. Sans habitations fixes, sans autre propriété que leurs troupeaux, un cheval est pour eux préférable à tous les objets de luxe ou de jouissance qui ont tant d'attraits pour les autres peuples. On raconte une histoire qui prouve jusqu'à quel degré les Arabes portent l'attachement pour leurs chevaux.

Un Arabe du désert n'avait pour toute fortune qu'une superbe jument. Le consul de France à Saïde, en Égypte, lui proposa de la lui vendre afin de l'envoyer à Louis XIV. L'Arabe, pressé par le besoin, y consentit après avoir hésité quelque temps, et en demanda une somme très considérable. Le consul ne croyant pas devoir en donner un si haut prix sans un ordre de son gouvernement, écrivit pour avoir son assentiment et conclure le marché avec l'Arabe. Le roi ayant consenti à payer la somme demandée, le consul fit dire à l'Arabe de venir le trouver. Celui-ci se présenta bientôt monté sur son magnifique coursier. La somme qu'il avait demandée fut comptée en sa présence ; l'Arabe, couvert de haillons, descend de sa monture, considère l'argent, et jetant les yeux sur sa jument, se met à pleurer et lui adresse ces paroles : « A qui vais-je te livrer ? aux Européens qui te garrotteront, te battront et te rendront misérable ! Demeure avec moi, ma chère, ma beauté, mon trésor, et réjouis le cœur de mes enfans. » A peine l'Arabe eut-il prononcé ces paroles, qu'il saute sur le dos de sa jument et s'enfuit vers le désert.

Chevaux Barbes. On nomme ainsi la race de chevaux qui se trouve sur les côtes d'Afrique le long de la Méditerranée. Ces chevaux, qui proviennent de ceux d'Arabie, se sont répandus au loin dans cette partie du monde jusque chez les nègres de la Gambie et du Sénégal. Ces chevaux sont plus petits et moins propres aux longues courses que ceux d'Arabie, mais ils ont de plus belles formes, et sont mieux disposés à soutenir un travail habituel. Ces chevaux, transportés en Italie, avaient donné anciennement de très bonnes races que la négligence des habitans a laissées s'abâtardir.

Chevaux Persans et Turcs. Les belles races que l'on trouve dans ces deux pays proviennent également de ceux de l'Arabie. Ils sont d'une taille plus

élevée, sont doués de plus de force et de plus d'a-
grémens que ceux de ce dernier pays; ils sont excellens pour les voyages et pour la guerre; on en
trouve même d'assez étoffés pour l'attelage.

Chevaux Tartares. Les chevaux que les Tartares
et autres peuples nomades qui habitent les vastes
plaines au nord de l'Asie élèvent dans ces solitudes
désertes et peu fécondes, sont d'une petite taille,
secs, mal formés, mais sobres, vigoureux et soute-
nant la fatigue et les longs voyages mieux qu'aucune
autre race de chevaux. Toujours en plein air, pendant l'été comme dans les hivers les plus rigoureux,
livrés à eux-mêmes dans des pâturages où ils ne
trouvent souvent que quelques brins d'herbe,
ils sont habitués à une grande sobriété, et ils supportent toute espèce de privation, sans perdre leur
force et sans en être incommodés; car, chez les animaux comme chez l'homme, le corps s'habitue à
tout et brave, sans en souffrir, la fatigue et l'intem-
périe des saisons.

Chevaux Espagnols. De temps immémorial la
race des chevaux espagnols a été considérée et recherchée; les Romains en faisaient grand cas; il est
probable qu'elle doit son origine aux chevaux arabes que les Carthaginois, qui ont possédé anciennement le littoral de l'Espagne, y auront transporté de
l'Arabie, pays situé dans leur voisinage.

Le cheval de belle race, que l'on élève principalement en Andalousie, est, sous le rapport des formes,

de l'encolure, de la souplesse et de la grace dans les mouvemens, le plus beau de tous ceux qui existent dans le monde; il a la tête petite, le cou bien arrondi, le corps parfaitement proportionné, les jambes fines, l'œil vif, du courage et de l'ardeur. Il a les mouvemens doux et souples, de la noblesse et de la grace sous son cavalier. Il n'est pas étonnant que les Mexicains, lorsqu'ils virent pour la première fois les Espagnols montés sur de beaux chevaux, les aient pris pour des centaures et pour des êtres qui tenaient de la divinité. Les beaux chevaux andalous se vendent à un prix qui égale celui des chevaux arabes, d'autant plus que cette précieuse race, dans toute sa beauté, est devenue très rare par l'insouciance et la négligence des Espagnols. Lorsqu'on considère la beauté des animaux domestiques qui se trouvent en Espagne, on peut dire que cette péninsule est la terre classique des belles races. L'auteur de cet ouvrage a visité toutes les parties de l'Espagne, où il a trouvé des chevaux, des taureaux, des ânes, des mulets, des moutons, des chèvres, des cochons, des chiens, des chats, qui surpassent par leur qualité tout ce qu'on trouve en ce genre dans le reste de l'Europe. Les Maures, peuple agricole et industrieux, ont sans doute contribué au perfectionnement des races de chevaux en Espagne. Les paysans du royaume de Valence, qui possèdent une bonne race adaptée à leurs besoins, ont conservé le goût des chevaux; ils les soignent et les traitent à la manière des

Arabes. Ils font annuellement des courses de chevaux et se cotisent entre eux pour donner un prix au vainqueur. Les personnes des classes nobles ou riches, indolentes ou paresseuses, dédaignent l'exercice du cheval, et ne s'amusent pas à faire courir des chevaux comme c'est l'usage en Angleterre et en France. On élève ces animaux dans des pâturages, mais le plus communément à l'écurie, où ils reçoivent pour toute nourriture de la paille brisée menu et de l'orge au lieu d'avoine.

Chevaux d'Italie. Il fut un temps où l'Italie était célèbre par ses races de chevaux qu'elle avait obtenues en faisant venir de la Barbarie, sur les côtes d'Afrique, des chevaux qu'on désigne communément sous le nom de barbes, et dont nous avons parlé. On avait obtenu ainsi de très bonnes races dans les divers états d'Italie; les nobles qui entretenaient ces animaux sur leurs vastes possessions, s'étant livrés à la mollesse, ont laissé dégénérer les belles races, et il n'est resté de cet ancien goût pour les chevaux que des courses qui s'exécutent dans les rues ou sur les places étroites de quelques villes, comme à Rome et à Florence. Les chevaux, dans cette première ville, abandonnés à eux-mêmes et sans cavalier, s'élancent de l'extrémité d'une rue et la parcourent jusqu'à l'autre bout au milieu de la foule qui s'écarte pour leur faire place à mesure qu'ils s'avancent, et qui pousse des cris pour les effrayer et les exciter à la course. A Florence, on fait courir, sur une place où l'on a pratiqué une voie circulaire, des chevaux dégénérés, nommés barbes, ordinairement sans qu'ils soient montés par des cavaliers. On leur attache sur le dos des courroies dont les extrémités garnies de pointes leur battent sur les flancs. Ces courses paraissent très mesquines à ceux qui ont assisté aux courses en Angleterre ou en France; car on a calculé que les chevaux qui, dans ces deux pays, courent montés par un cavalier, franchissent dans le même espace de temps un quart de chemin de plus que les chevaux italiens sans cavalier.

Chevaux Anglais. Les chevaux que produisait anciennement l'Angleterre étaient généralement assez médiocres, soit pour la selle, soit pour le trait. Mais ce pays, par suite de la liberté qui a favorisé tout genre d'industrie, a promptement amélioré toutes ses races d'animaux domestiques et principalement celle des chevaux. Il possède aujourd'hui des races propres à tout genre de services, et dont le perfectionnement a été poussé à un degré qui ne laisse plus rien à désirer. C'est par l'importation des chevaux arabes et barbes, et même turcs et persans, et par une suite de croisemens bien entendus, qu'on a, pour ainsi dire, créé des races qui se maintiennent dans toutes leurs qualités sans qu'il soit besoin d'avoir recours à de nouvelles importations. Le même résultat s'obtient pour toute espèce d'animaux. Ainsi lorsqu'un cultivateur a amélioré ses races par des croisemens bien combinés, ou qu'il s'est procuré

des races parfaites, il est sûr de les conserver en
choisissant toujours les plus beaux produits de ses
troupeaux, les alliant entre eux et leur donnant la
nourriture et les soins qu'exigent l'entretien et la
prospérité de toute espèce d'animaux.

Les Anglais ont différentes races de chevaux de
traits, modifiées d'après leur destination particulière;
tels sont les chevaux d'une grosseur et d'une hauteur considérables, qui agissent simultanément par
leur masse et par leur force musculaire. Ils servent
d'attelage pour traîner les lourds fardeaux, le char-
bon de terre, la bière, etc.; ils sont un peu plus
corpulens que les chevaux de nos brasseurs à Paris.
Une race de chevaux moins grosse que la précédente
est destinée au labour et aux charriages ordinaires.
Enfin ils ont des chevaux qui composent ses beaux
attelages des carrosses et des diligences. Ces diligences, plus légères et bien moins chargées que
celles de France, voyagent avec une grande célérité,
et sont servies par des chevaux d'une grande valeur.
Il est vrai que le bon entretien des routes permet
d'employer en Angleterre des chevaux qui seraient
bientôt ruinés sur nos routes à ornières cahoteuses.
Ces chevaux, provenus de croisemens arabes, par-
viennent à une taille élevée; ils sont musculeux et
ont une grande ardeur. Les Anglais se sont surtout
distingués dans la formation des chevaux de course,
dont il est provenu des chevaux de selle excellens pour l'usage habituel. Ce n'est ni par l'élégance

et la beauté des formes, ni par l'harmonie des proportions que brillent les chevaux de course que l'on
désigne ordinairement en disant qu'ils ont du *sang*,
mais par une vitesse qui surpasse celle de tous les
meilleurs chevaux. Ils parcourent communément
un mille en deux minutes (cinq milles anglais font
deux lieues de France). On a vu même en Angleterre un cheval, nommé *Childers*, qui a couru en
différentes circonstances avec une telle vélocité, qu'il
parcourait en une seconde un espace de plus de vingt
pieds et demi de France. Il faisait en six minutes et
quarante secondes le tour du lieu où s'exécutent les
courses, à Newmarket, espace qui a un peu moins de
quatre milles en étendue. Mais depuis que ce cheval
extraordinaire est mort, aucun autre n'a pu égaler
la rapidité de sa course, même ceux qui en sont
provenus. Les Anglais préfèrent avec raison dans les
chevaux la rapidité et la force aux qualités extérieu-
res, telles que la grace et l'élégance; aussi ont-ils
sacrifié ces qualités aux premières, ne pouvant les
obtenir toutes à un haut degré chez les mêmes individus. C'est pourquoi ils se sont appliqués à leur procurer de l'allongement dans le corps, à leur jeter les
jambes en avant, afin qu'ils pussent d'un seul temps
embrasser la plus grande étendue de terrain possible.
Les Anglais avaient la manie de couper les oreilles
et la queue, non-seulement aux chevaux, mais aussi
aux ânes et aux chiens. Aujourd'hui ils laissent à ces
animaux les oreilles telle que la nature les a faites.

Mais ils tranchent impitoyablement les queues. C'est une mode que nos élégans ont empruntée à l'Angleterre, et dont on commence à sentir le ridicule, la queue étant un des plus beaux ornemens du cheval

Chevaux français. La France avait anciennement d'excellentes races de chevaux, et pouvait suffire à ses besoins. Les seigneurs qui possédaient presque exclusivement toutes les propriétés territoriales, sans cesse à cheval ou guerroyant avec leurs voisins, mettaient un grand prix à avoir de bons et beaux chevaux; c'était pour eux une affaire de sûreté dans les combats et un objet de luxe dans les intervalles de paix. Plusieurs de ces races se sont abâtardies à l'époque où la noblesse, attirée à la cour par la politique de nos rois et livrée à la mollesse et à la corruption des cours, a abandonné à des mercenaires les soins de ses terres. Nos gouvernemens qui ont fait à diverses époques des réglemens et des ordonnances pour l'amélioration des races, et établi des haras, n'ont fait qu'empirer le mal. Ce n'est pas en agissant par lui-même qu'un gouvernement fait prospérer l'agriculture et l'industrie; c'est en laissant faire et en encourageant.

Il existe cependant encore en France quelques races qui ont conservé toutes leurs qualités primitives. Il faut mettre au premier rang la race limousine, remarquable par ses belles formes, par l'ensemble de ses proportions, par la finesse de sa tête et de ses jambes, par sa vigueur, sa légèreté et sa durée. On a vu dans les courses du Champ-de-Mars, à Paris, des chevaux limousins surpasser en vitesse les meilleurs chevaux anglais. Malheureusement les beaux individus de cette race sont assez rares aujourd'hui. La principale cause de leur dégénérescence est due aux étalons étrangers avec lesquels on les a croisés par mode ou par ignorance. La race normande tient le second rang avec celle de Bretagne pour les chevaux de selle de carrosse. Les chevaux navarrois, plus petits que les limousins, ressemblent jusqu'à un certain point à ces derniers pour la forme et les qualités. Ceux de Corse sont encore plus petits et ne sont pas moins vigoureux et moins solides sur leurs jambes. La Lorraine et les Ardennes produisent de petits chevaux mal conformés, mais très sobres et rudes à la fatigue. Ceux qu'on tient à demi sauvages dans les plaines de la Camargue, à l'embouchure du Pô, jouissent des mêmes qualités que les précédens, mais ils sont rétifs et difficiles à discipliner. Plusieurs contrées de France, telles que la Flandre, le Boulonais, l'Alsace, l'Artois, fournissent d'excellens chevaux pour la voiture, la charrue, le roulage.

Les Allemands ont apporté depuis long-temps beaucoup de soin à l'amélioration de leurs races, et plusieurs provinces de ces pays produisent d'excellens chevaux de selle et de trait, auxquels nous avons souvent recours lorsqu'il s'agit de remonter notre cavalerie et notre artillerie. Les chevaux de

Hollande sont en général massifs et bons pour les charriots. Ceux du Danemarck sont renommés pour leur beauté et leurs qualités : ils forment de superbes attelages de carrosse. La Norwège, quoique sous une latitude froide, nourrit au milieu de ses forêts des chevaux un peu petits de taille, mais très bien proportionnés, forts et musculeux. Enfin l'Amérique du nord, pays industrieux et éclairé, possède dans ce moment différentes races de chevaux aussi belles que celles d'Angleterre, dont elles proviennent en grande partie ; tant il est vrai que tout prospère rapidement dans un pays où la liberté ne trouve aucune entrave.

Les Tartares, qui habitent sous des tentes et méprisent la culture des terres, vivent uniquement du produit des troupeaux, avec lesquels ils errent dans les vastes contrées du nord de l'Asie. Privés de nos liqueurs fermentées, ils ont imaginé d'en préparer une avec le lait de jument qu'ils laissent aigrir dans des vases. Ils se contentent de cette liqueur qui est très saine, car ils ne connaissent pas celles dont nous faisons usage. Ils trouvent aussi la chair de cheval fort à leur goût. Ils la mettent sous la selle de leurs chevaux pour l'attendrir. Ils ne sont pas les seuls qui font leurs délices de la chair de jeune poulain. Plusieurs peuples anciens, surtout les Romains, en faisaient grand cas ; ce mets est encore estimé dans l'Amérique du nord, où il est plus facile de se le procurer que parmi nous.

La peau de cheval donne un cuir souple et tenace qui trouve un emploi utile dans plusieurs arts, tels que ceux du cordonnier, du carrossier, du sellier, etc. Le poil de ces animaux est employé à rembourrer des selles, des colliers d'attelage ; ses crins sont d'un usage général pour faire les matelas, des aigrettes pour les troupes, des cordes, des boutons, des archets de violon, des tamis, des sacs pour préserver les raisins de la rapacité des oiseaux, des toiles pour couvrir des meubles et une autre foule d'objets relatifs aux arts.

HISTOIRE NATURELLE

ET ÉCONOMIQUE

DU MULET.

Le mulet, qui provient de l'âne et de la jument, a
la tête plus grosse et plus courte que le cheval, et les
oreilles presque aussi longues que celles de l'âne.
Comme ce dernier, il a les jambes sèches et la
queue presque nue; mais il tient davantage de la
jument par la grandeur et la grosseur du corps, par
l'encolure, par la croupe, etc. Le braiement du
mulet imite celui de l'âne, car l'organe de sa voix a
la même configuration.

Le mulet participe des qualités des deux animaux
dont il tire son origine. Il est, comme l'âne, ombra-
geux, rétif, d'une constitution robuste, sobre et
moins difficile que le cheval pour le choix de sa

nourriture, et ne le cède pas en force à ce dernier. Les mulets semblent constitués pour porter de lourds fardeaux dans les chemins montueux et difficiles. Ils ont les reins formés pour ce travail, le pied sûr, et ne bronchent jamais. Ils sont même bons pour la monture, pour le labour des terres, pour le tirage des charrettes. Un mulet dressé pour les voyages peut faire dix à douze lieues par jour ; on trouve même en Espagne des mules qui font des trajets de plus de quinze lieues. On les préfère généralement dans ce pays aux chevaux pour le tirage des carrosses ; les équipages du roi d'Espagne ne sont composés que de mulets. Ils sont aussi employés de préférence aux chevaux pour le labourage des terres et autres travaux, dans le midi de la France, ainsi que dans tous les pays chauds, par la raison qu'ils se nourrissent plus facilement, supportent mieux la fatigue, la transition du froid au chaud que le cheval, dont la constitution moins robuste exige plus de soins et est sujette à un bien plus grand nombre de maladies. Il est employé presqu' uniquement avec l'âne pour le transport des marchandises dans tous les pays où le roulage ne peut avoir lieu par défaut de routes.

Quoique les climats du nord conviennent peu à cet animal, il a cependant été introduit jusqu'à Berlin, à cause des avantages qu'il présente dans beaucoup de circonstances. Les mulets de l'Auvergne et du Poitou sont fort estimés, surtout ceux du Mirebalais, qui proviennent de la superbe race d'ânes que l'on possède dans ce canton ; il s'en fait annuellement des envois considérables en Espagne , et dans différentes parties du midi de la France. Comme les mulets sont plus forts que les mules , on les préfère pour les travaux pénibles ; les mules sont plus estimées comme monture. On sait que le pape est toujours monté sur une mule dans les cérémonies d'apparat ; on connaît l'âge de ces animaux par les dents, comme chez les chevaux ; ils marquent jusqu'à 25 et 30 ans lorsqu'ils sont bien ménagés. On les emploie souvent à l'âge de deux ans ; mais ils n'ont acquis toutes leurs forces qu'entre quatre et cinq ans.

HISTOIRE NATURELLE

ET ÉCONOMIQUE

DE L'ANE.

Cet animal, que les naturalistes classent parmi les
mammifères ou animaux à mamelles, et les soli-
pèdes, ou ceux dont les pieds ont un rabat sans division, a de l'analogie avec le cheval sous plusieurs
rapports. Il a le corps plus ramassé, la croupe plus
basse, la tête plus grosse, les oreilles beaucoup plus
allongées ; au lieu de crins, comme le cheval, il a de
longs poils qui garnissent sa queue. Ceux du corps
sont gris de souris, ou noirâtres, excepté au-dessous
du ventre et entre les cuisses, où ils ont une teinte
blanchâtre.

« Pourquoi donc tant de mépris, dit Buffon, pour
cet animal si bon, si patient, si sobre, si utile ? Les
hommes mépriseraient-ils jusque dans les animaux
ceux qui les servent trop bien et à trop peu de

frais? On donne au cheval de l'éducation, on le soigne, on l'instruit, on l'exerce, tandis que l'âne, abandonné à la grossièreté du dernier des valets, ou à la malice des enfans, bien loin d'acquérir, ne peut que perdre par son éducation; et s'il n'avait pas un grand fond de bonnes qualités, il les perdrait en effet par la manière dont on le traite : il est le jouet, le plastron, le bardeau des rustres qui le conduisent le bâton à la main, le frappent, le surchargent, l'excèdent sans précaution, sans ménagement. On ne fait pas attention que l'âne serait par lui-même pour nous le premier, le plus beau, le mieux fait, le plus distingué des animaux, si dans le monde il n'y avait pas de cheval : il est le second au lieu d'être le premier, et par cela seul il semble n'être rien; c'est la comparaison qui le dégrade; on le regarde, on le juge non pas en lui-même, mais relativement au cheval; on oublie qu'il est âne, et qu'il a toutes les qualités de sa nature, tous les dons attachés à son espèce, et on ne pense qu'à la figure et aux qualités du cheval qui lui manquent et qu'il ne doit pas avoir. Il est de son naturel aussi humble, aussi patient, aussi tranquille que le cheval est fier, ardent, impétueux. Il souffre avec constance, et peut-être avec courage, les châtimens et les coups. Il est sobre sur la qualité et la quantité de la nourriture. Il se contente des herbes les plus dures et les plus désagréables que le cheval et les autres animaux lui laissent et dédaignent. »

L'âne sauvage se trouve encore aujourd'hui dans plusieurs contrées de l'Afrique et de l'Asie. Il diffère peu, sous le rapport des formes, de l'âne domestique; il est plus haut sur jambes; il marche la tête levée; sa crinière est beaucoup plus longue; il est marqué sur le garrot, ainsi que l'âne domestique, par deux raies transversales en forme de croix. On le trouve dans les déserts de Lybie et de Numidie, dans ceux d'Arabie, de Perse et de Tartarie; mais il ne dépasse jamais le 48me degré de latitude, car le climat et les pâturages des pays chauds conviennent mieux à sa nature. Les ânes se plaisent même sous la zone torride. Ils se réunissent en troupes, comme les chevaux sauvages, et émigrent dans l'été sur les hautes montagnes de l'Asie, pour trouver des pâturages plus abondans. Les Persans tendent des piéges pour les prendre en vie; ils creusent à cet effet des fosses qu'ils recouvrent de manière que ces animaux, sans s'en apercevoir, tombent dans l'intérieur, sont pris, domptés, et soumis à différens travaux. Comme ils sont très forts et très robustes, on les vend à des prix assez élevés. Les ânes sauvages de l'Afrique ne sont pas moins vigoureux et moins prompts à la course que ceux que l'on trouve en Perse ou en Tartarie; il faut être monté sur d'excellens chevaux pour parvenir à les atteindre. Ceux que les Espagnols ont transportés dans l'Amérique du sud sont redevenus sauvages, et ont conservé leurs qualités primitives; ils se sont prodigieusement multipliés dans les solitudes de ces contrées ; les habitans du pays vont leur donner la chasse , lorsqu'ils en ont besoin pour leur usage. A cet effet, on réunit un grand nombre d'hommes à cheval et d'autres personnes à pied, et l'on forme un vaste cercle, dans les lieux où ils ont coutume de se rendre. On les pousse dans une vallée étroite, à l'extrémité de laquelle on a préparé avec des filets une enceinte dont ils ne peuvent s'échapper. Si l'un de ces animaux vient à forcer l'enceinte, les autres le suivent, et se portent avec une telle précipitation que rien ne peut les arrêter. On leur jette un nœud coulant sur le cou, on les renverse, on leur lie les jambes, et on les laisse dans cet état jusqu'à ce que la chasse soit terminée. Ces animaux sont si farouches et si indociles, qu'on ne peut les amener et les conduire qu'en les attachant avec des ânes domestiques. Souvent ils blessent les personnes chargées de cet emploi. On parvient à les dompter et à les soumettre en très peu de temps. Ils perdent alors leur férocité et prennent le caractère de stupidité et de nonchalance qu'on reproche à l'âne. Ces animaux sont très utiles dans un pays entrecoupé par de hautes montagnes, qu'il faut traverser parmi des précipices, pour communiquer d'un lieu à un autre. Chargés de lourds fardeaux, ils franchissent les descentes et les montées les plus escarpées, et passent sur le penchant des précipices les plus effrayans avec une hardiesse et une précaution étonnantes, sans jamais broncher ni faire un faux pas.

Les ânes d'Arabie, de Perse, d'Egypte et autres parties de l'Afrique, ainsi que ceux de l'Espagne, sont plus élevés en taille, plus vigoureux et plus beaux que dans toute autre région. Nous en avons aussi dans un canton du Poitou, nommé Mirebalais, remarquables par leur grosseur et leur beauté. Ce sont eux qui produisent la plus belle race de mulets de l'Europe. Ils sont très recherchés et se vendent à très haut prix; il en est même que l'on paie trois à quatre mille francs. Les ânes d'Arabie portent la tête élevée; ils sont excellens coureurs, ainsi que ceux de Perse qui font de très grandes courses au trot ou au galop. Les Arabes donnent à leurs ânes les mêmes soins qu'à leurs chevaux. Si nous imitions leur exemple, nous aurions de bien plus belles races qui nous rendraient des services plus importans que nos races abâtardies par le défaut de soins et de nourriture.

L'âne réduit en domesticité, ayant perdu des qualités qui lui sont propres, ne laisse pas d'être utile à l'homme, quoique très inférieur au cheval sous beaucoup de rapports. Il a les mouvemens lents, mais il a proportionnellement plus de vigueur que le cheval pour porter des fardeaux. Il est patient, et il baisse la tête et courbe les oreilles lorsqu'on lui impose des travaux au-dessus de ses forces. Sobre et tempérant, il se contente de ce que le cheval et le bœuf refusent. Il n'est pas moins attaché à l'homme que le cheval, quoique sa bonne volonté soit trop souvent suivie par de mauvais traitemens ; il a l'odorat, la vue et l'ouïe assez délicats pour sentir, apercevoir et entendre à d'assez grandes distances. Les ânesses sont très attachées à leur petits, et ceux-ci ont, dans les premiers mois de leur naissance, quelque chose d'agréable dans leur allure et dans leur physionomie.

La femelle, propre à la propagation à l'âge de deux ans, ne met bas qu'un petit qui a acquis à deux ans assez de croissance et de force pour être soumis au travail. La vie de ces animaux se prolonge jusqu'à 25 et 30 ans ; mais les mauvais traitemens qu'ils reçoivent ne leur permettent guère de prolonger si long temps leur existence. Les ânes sont plus petits en France qu'en Espagne, en Afrique ou en Asie. Ils ne dépassent guère une hauteur de trois pieds et demi. Ils ont aux deux mâchoires un nombre de dents égal à celui du cheval ; elles tombent et croissent de la même manière et dans le même ordre. La couleur de leur poil la plus commune est d'un gris cendré et quelquefois noirâtre ; celui d'entre les jambes et du dessous du ventre est blanchâtre.

L'âne mange toutes les plantes, ou les divers four-rages qu'on a l'habitude de donner aux autres bes-tiaux ; mais il se contente de chardons, de ronces et autres alimens communs et grossiers. Il doit cependant être soigné et tenu proprement si l'on veut le conserver en bon état et en tirer tout le service possible. Il n'est sujet à presque aucune maladie, si ce n'est à la gale qui provient de ce qu'on ne l'étrille, ni le panse jamais.

Il est rare que l'on fasse en France traîner des charrettes aux ânes. Ils seraient cependant très propres à ce travail, si on le proportionnait à leurs forces et qu'ils fussent dressés pour cela. On élève en Perse des ânes pour la selle et d'autres pour le trait ou pour la charrue. On s'en sert aussi dans le midi de la France pour le labourage des terres ; l'âne y est assez communément employé à la monture des dames de la campagne. Il existait, il y a quarante ans, à Olioulles, département du Var, une poste aux ânes. Nous avons parcouru quelques trajets avec ces ânes qui vont d'un trot assez accéléré.

Il résulte de tous les faits que nous avons rapportés que si l'âne était soigné et dressé comme le cheval, il pourrait être d'un usage plus général et nous rendre de plus grands services.

Le lait d'ânesse, qui a une grande analogie avec celui de la femme, est considéré comme un aliment ou comme un remède salutaire dans quelques maladies, telles que la consomption, la phthisie, etc. L'on nourrit à Paris et dans les capitales de l'Europe un certain nombre d'ânesses, dont le lait est destiné aux personnes affectées de ces genres de maladies, occasionné par le régime efféminé et contre nature auquel on se soumet. La voluptueuse Poppée, femme de l'empereur Néron, avait coutume de prendre des bains de lait d'ânesse.

La chair de l'âne est recherchée par les Tartares et par les Arabes, quoiqu'elle soit coriace. On dit que les saucissons de Boulogne, très renommés dans toute l'Italie, se font avec cette chair. Les gastronomes romains considéraient la chair des jeunes ânons comme un mets délicieux, et il paraît en effet qu'elle est très délicate. La peau de l'âne, dure et élastique, est employée à faire des cribles, des tambours, de bons souliers. Elle prend le nom de chagrin, lorsqu'elle a reçu une certaine préparation. On en forme des tablettes de poche, après l'avoir enduite de plâtre délayé dans de la colle forte. Les Chinois en préparent une espèce de gélatine, en forme de tablettes, qui est fort recherchée dans ce pays, pour réparer l'épuisement des forces. Le poil est bon pour rembourrer les selles, les colliers, les meubles. Les anciens faisaient des flûtes avec les os des jambes de l'âne.